Edwin Nyamwaya

Agricultura sustentável

Edwin Nyamwaya

Agricultura sustentável

Enfrentar os desafios que se colocam à agricultura africana

ScienciaScripts

Imprint
Any brand names and product names mentioned in this book are subject to trademark, brand or patent protection and are trademarks or registered trademarks of their respective holders. The use of brand names, product names, common names, trade names, product descriptions etc. even without a particular marking in this work is in no way to be construed to mean that such names may be regarded as unrestricted in respect of trademark and brand protection legislation and could thus be used by anyone.

Cover image: www.ingimage.com

This book is a translation from the original published under ISBN 978-3-330-33016-0.

Publisher:
Sciencia Scripts
is a trademark of
Dodo Books Indian Ocean Ltd. and OmniScriptum S.R.L publishing group

120 High Road, East Finchley, London, N2 9ED, United Kingdom
Str. Armeneasca 28/1, office 1, Chisinau MD-2012, Republic of Moldova, Europe
Managing Directors: Ieva Konstantinova, Victoria Ursu
info@omniscriptum.com

Printed at: see last page
ISBN: 978-620-7-93876-6

Agricultura sustentável: enfrentar os desafios da agricultura africana

Declaração de exoneração de responsabilidade

Os pontos de vista e opiniões expressos neste livro são da exclusiva responsabilidade dos autores e não representam qualquer outra pessoa ou organização associada ao autor.

CONTEÚDO.

Agradecimentos

Estou grato à minha querida família por ter apoiado os meus esforços em cada passo do caminho. Por isso, dedico este trabalho à minha querida mulher Sarah e às nossas adoráveis filhas Jane e Faith, pelo seu amor e carinho e por me terem dado tempo e espaço para escrever este livro.

Gostaria de agradecer sinceramente o apoio de todos aqueles que contribuíram para o desenvolvimento da minha carreira na agricultura. O seu envolvimento encorajou-me a aprofundar a minha compreensão das questões relevantes para os agricultores nos países em desenvolvimento e em África e tornou este livro possível.

Gostaria de estender os meus sinceros agradecimentos à equipa da Lapbert Academic Publishing, que disponibilizou o seu tempo e recursos para tornar este livro uma realidade.

Antes de mais, estou grato a DEUS.

Prefácio

As alterações climáticas constituem o maior desafio do nosso tempo para o desenvolvimento humano e o bem-estar ambiental. As alterações climáticas representam uma grande ameaça para a agricultura, pelo que é necessário desenvolver estratégias que a tornem mais sustentável.

As opções de atenuação das alterações climáticas ajudarão a contrariar os impactos negativos, especialmente nos países em desenvolvimento, onde a agricultura desempenha um papel fundamental para garantir a segurança alimentar da população.

Todos concordamos que África enfrenta o desafio de uma procura crescente de alimentos para consumo humano e animal e de matérias-primas, especialmente devido à baixa produtividade dos recursos disponíveis, ao rápido crescimento da população e à falta de terras aráveis.

Quando a produção agrícola parece suficiente, as actividades de produção são realizadas em detrimento dos recursos naturais. A produção nessas zonas caracteriza-se pela desflorestação crónica, pela extração de nutrientes e pela utilização desenfreada de agroquímicos.

Numa altura em que a agricultura está sujeita a contratempos, é muito importante encontrar novas formas de resolver os problemas, especialmente quando a população depende em grande medida da agricultura.

A agricultura sustentável oferece soluções para uma miríade de problemas que impedem o progresso nos países em desenvolvimento. Mais do que nunca, são necessários sistemas sustentáveis para melhorar a capacidade de adaptação dos agricultores a condições climatéricas imprevisíveis e extremas e para enfrentar alguns dos desafios com que se depara a pequena agricultura nos países em desenvolvimento.

É igualmente necessário concentrar-se em políticas adequadas, no reforço das instituições, na integração dos mercados, na melhoria da investigação e em sistemas tecnológicos inovadores para enfrentar plenamente os desafios socioeconómicos.

As perspectivas deste livro baseiam-se num vasto leque de referências em matéria de agricultura sustentável, conhecimentos tradicionais indígenas, agricultura biológica, agronomia, gestão dos recursos naturais, melhoramento vegetal e biotecnologia.

Espero que as ideias contidas neste livro inspirem novas reflexões e acções para enfrentar os desafios que a agricultura africana enfrenta e, em última análise, dar um contributo importante para o desenvolvimento sustentável.

INTRODUÇÃO

O desenvolvimento de África depende, mais do que qualquer outra região, da agricultura e das agro-indústrias. A agricultura oferece oportunidades de investimento agroindustrial e desempenha um papel importante no fornecimento de alimentos, rendimentos e emprego adequados a uma grande parte da população. No entanto, os progressos tecnológicos não têm sido capazes de satisfazer plenamente as necessidades alimentares e os desafios económicos com que se defrontam os povos de África.

O sector enfrenta uma miríade de desafios que afectam negativamente a agricultura, o ambiente e a saúde humana. Alguns deles incluem: desflorestação, erosão do solo, desertificação, poluição da água por resíduos urbanos e industriais e deterioração da qualidade da água devido ao aumento da utilização de pesticidas e fertilizantes químicos.

Outras deficiências significativas prendem-se com a negligência das políticas e o baixo investimento dos governos no desenvolvimento agrícola. Para alcançar o crescimento desejado, as políticas de desenvolvimento têm de ser harmonizadas para garantir a afetação de recursos suficientes à agricultura.

Existe potencial para transformar os sistemas agrícolas africanos em empresas viáveis através da utilização cuidadosa e sustentável dos recursos naturais e da integração de processos regenerativos naturais que minimizem a utilização de recursos não renováveis.

A agricultura sustentável aumenta significativamente a produtividade das explorações agrícolas porque implica a utilização de tecnologias rentáveis, que aumentam a produtividade e protegem as explorações agrícolas dos efeitos indesejáveis das alterações climáticas. Estas tecnologias são fundamentais para estimular o crescimento económico, reduzir a pobreza e, mais importante ainda, aliviar o problema premente da inacessibilidade dos factores de produção para os agricultores com poucos recursos.

CAPÍTULO

UM

DESAFIOS DA AGRICULTURA AFRICANA

A agricultura sofreu alterações significativas. As primeiras culturas vegetais baseavam-se na domesticação de plantas colhidas na natureza. As aldeias e as tribos desenvolveram formas simples de cultivo para alimentar as suas populações e proporcionar benefícios económicos. Desde então, as coisas mudaram: a agronomia moderna, o melhoramento de plantas, os pesticidas e fertilizantes e as melhorias tecnológicas conduziram a aumentos dramáticos no rendimento das culturas.

Os progressos científicos na agricultura conduziram à Revolução Verde, que permitiu a alguns países desenvolvidos ascenderem ao estatuto de potências económicas mundiais. O mesmo não aconteceu com os países africanos. O continente mal produz alimentos suficientes para alimentar a sua população, exportar excedentes ou satisfazer as necessidades alimentares e industriais de matérias-primas.

A incapacidade de satisfazer plenamente as necessidades alimentares e os desafios económicos enfrentados pela população africana deve-se ao facto de o sector agrícola ser afetado por problemas que prejudicam a produtividade das explorações agrícolas, o ambiente e o bem-estar humano. Estes desafios são tanto naturais como provocados pelo homem e podem ser atribuídos a uma grave degradação dos solos, a condições meteorológicas imprevisíveis, a danos nas culturas provocados por pragas e doenças das plantas, a ervas daninhas e a actividades humanas.

Os solos do continente africano estão sobrecarregados, pobres em nutrientes, degradados e frequentemente ácidos. Caracterizam-se por elevados níveis de depleção de nutrientes essenciais causados pelo cultivo contínuo de culturas em condições de carência de nutrientes. As práticas destrutivas de monocultura, a poluição agroquímica, o sobrepastoreio e a desflorestação para fins agrícolas destroem o estado estável das explorações agrícolas e dos seus ecossistemas.

A maioria dos agricultores de sequeiro tem de adaptar a maior parte das suas actividades agrícolas às estações das chuvas. Esta dependência da agricultura de sequeiro compromete a realização de novos progressos, atrasa o desenvolvimento, ameaça o abastecimento alimentar e agrava a pobreza rural.

A produtividade económica das principais culturas alimentares está seriamente ameaçada por pragas e doenças. As perdas económicas significativas são causadas pelo aumento dos custos de produção, pela redução do rendimento de importantes culturas alimentares e de rendimento, pela redução da qualidade e do valor económico dos produtos e pela introdução de toxinas alimentares que ameaçam a saúde humana e animal.

As ervas daninhas e as espécies invasoras competem com as culturas produtivas ou com as pastagens e podem tornar as terras produtivas inutilizáveis. Algumas ervas daninhas são nocivas, causam ferimentos ou interferem com a utilização e a gestão de plantas desejáveis. As ervas daninhas prosperam à custa das culturas cultivadas e, em última análise, causam prejuízos económicos significativos.

As alterações climáticas estão a agravar os problemas já existentes nos sistemas agrícolas de África. As alterações climáticas reduziram a produtividade média das explorações agrícolas e a resiliência dos sistemas agrícolas, tornando as populações, que já dispõem de insegurança alimentar, mais vulneráveis ao aumento da incidência de secas e à grave escassez de água.

Os desafios acima referidos e outros não mencionados aqui afectam a agricultura africana. No entanto, a medida em que afectam a produtividade agrícola depende em grande medida das competências e capacidades dos agricultores. Os agricultores podem gerir alguns destes factores alternando os tipos e as quantidades de factores de produção. No entanto, as soluções a longo prazo estão ligadas às inovações tecnológicas para fazer face a estes desafios.

A intervenção tecnológica é fundamental para aumentar a resiliência dos sistemas agrícolas em conjugação com a gestão sustentável dos recursos naturais.

CAPÍTULO

DOIS

COMPREENSÃO DA AGRICULTURA SUSTENTÁVEL

A filosofia e a prática da agricultura sustentável podem ser aplicadas para melhorar a produtividade, a rendibilidade e a sustentabilidade das operações agrícolas. A sustentabilidade, neste caso, significa uma produtividade elevada e estável dos recursos existentes para satisfazer as necessidades das gerações actuais e futuras sem prejudicar o ambiente.

Os desafios com que se confrontam os sistemas agrícolas africanos podem ser resolvidos através de práticas que adoptem processos de regeneração natural e minimizem a utilização de factores de produção tóxicos. Estes métodos, baseados nos conhecimentos tradicionais dos agricultores e nos progressos científicos, permitirão atenuar o acesso inadequado aos factores de produção, fazer face às alterações climáticas e, sobretudo, contribuir para o crescimento económico e a conservação do ambiente.

Pilares da agricultura sustentável

Os conceitos de conhecimento tradicional e de avanços científicos podem ser utilizados para aumentar a produtividade, manter ou melhorar a qualidade do ambiente.

A evolução das exigências na produção vegetal requer que os sistemas sejam dinâmicos e adaptáveis, de modo a que os produtores possam minimizar as alterações e os problemas, lidar com eles e satisfazer as necessidades ambientais e socioeconómicas.

Soluções inovadoras para a agricultura

O principal problema de longa data com que os pequenos agricultores continuam a debater-se é o baixo rendimento das culturas. Este facto obriga os agricultores a adaptar formas de ultrapassar as deficiências das condições locais. A maioria dos grupos de agricultores escolhe práticas agrícolas familiares ou adopta práticas nativas porque esses sistemas são fiáveis e funcionam bem nas condições locais.

O sucesso da agricultura em ambientes agrícolas instáveis é facilitado por métodos experimentados e testados. Os métodos locais são resistentes aos desafios da produção e podem ser utilizados juntamente com as tecnologias científicas para melhorar a produtividade, a rentabilidade e a sustentabilidade.

Os sistemas que promovem um equilíbrio adequado entre a conservação e a utilização de todos os recursos na produção vegetal e animal contribuem simultaneamente para a segurança alimentar, a redução da pobreza, a conservação do ambiente e a competitividade comercial.

Investigação participativa com os fabricantes

A investigação sobre a influência dos aspectos físicos, químicos e fisiológicos do ambiente no crescimento das culturas levou à descoberta de oportunidades para otimizar os processos que apoiam o crescimento e a produção de biomassa. Com base na experiência prática e nos problemas de produção das culturas, podem ser reforçadas as sinergias que favorecem a produtividade óptima das culturas e podem ser eliminadas as armadilhas na gestão das culturas ou melhoradas as condições de crescimento para alcançar uma produtividade elevada.

A participação dos agricultores na investigação garante que as soluções inovadoras sejam testadas antes da divulgação e acelera a adoção de práticas concebidas para minimizar os problemas na agricultura.

Utilização original dos recursos locais

Os sistemas sustentáveis são concebidos de forma a maximizar a utilização dos recursos disponíveis para otimizar os rendimentos.

As culturas cultivadas em condições óptimas têm mais probabilidades de atingir o seu patamar de produção. O patamar de produção depende tanto das características genéticas da espécie cultivada como dos factores ambientais existentes. A compreensão das sinergias entre estes dois factores é fundamental para o desenvolvimento de estratégias de gestão e de cultivo adequadas.

Os agricultores podem tirar partido das sinergias que afectam o crescimento das culturas para manipular as condições de crescimento e desenvolver estratégias de gestão e de cultivo adequadas para alcançar os resultados desejados.

As sinergias podem ser exploradas através de práticas que promovam uma produtividade óptima, como as culturas mistas, a rotação de culturas, a aplicação de resíduos orgânicos no solo e o cultivo de culturas em condições controladas, como estufas ou estábulos.

No entanto, as culturas devem sempre receber nutrientes adequados, como água, nutrientes para as plantas e proteção contra pragas, doenças, ervas daninhas e poluentes, para obterem rendimentos óptimos.

A agricultura sustentável como um modo de vida

O impacto a longo prazo das actividades humanas no ambiente e noutras espécies exige a aplicação tática de conhecimentos previamente adquiridos e de avanços científicos recentes para criar sistemas agrícolas que satisfaçam os requisitos económicos, ambientais e sociais.

O funcionamento correto dos sistemas naturais determina uma via de crescimento que conduz a rendimentos sustentáveis para uma boa qualidade de vida e a estabilidade das pessoas nas comunidades. O funcionamento e a produtividade a longo prazo dos sistemas naturais que sustentam a vida mantêm uma qualidade de vida aceitável a longo prazo, com rendimentos sustentáveis e um ambiente favorável.

A agricultura sustentável está enraizada num conjunto de valores que reflectem uma consciência das realidades sociais e foi concebida para funcionar eficazmente nos contextos socioeconómicos dos participantes activos. Promete uma boa qualidade de vida baseada em princípios que apoiam os agricultores, os consumidores e os participantes da comunidade. Como se apercebe, tanto os agricultores como os consumidores beneficiarão. Há provas de que os agricultores que praticam uma agricultura sustentável conseguiram ultrapassar a pobreza.

A agricultura sustentável está associada aos seguintes benefícios.

Segurança alimentar

Uma biodiversidade rica proporciona um conjunto de recursos vegetais que servem de fonte de alimentos e de seguro contra a escassez de alimentos durante épocas de crescimento desfavoráveis causadas por inundações ou secas. O acesso aos alimentos é melhorado a vários níveis, conduzindo à segurança alimentar das famílias, e os produtos excedentes são vendidos nos mercados locais. A venda de produtos excedentários gera rendimentos para os agricultores, aumentando assim o seu poder de compra para adquirir outros alimentos.

Reforçar a coesão e a cooperação entre as comunidades

As tecnologias de baixo custo encorajam os agricultores a participar em empresas individuais ou colectivas. Estas empresas ajudam os agricultores a enfrentar com êxito as dificuldades económicas, as secas, a escassez de alimentos e os conflitos.

Bem-estar socioeconómico

Uma relação harmoniosa com a natureza leva à produção de alimentos saudáveis e proporciona segurança de rendimento nas comunidades. Estes métodos de produção são ideais para os pequenos agricultores pobres e marginalizados porque implicam a utilização de factores de produção de baixo custo e de recursos locais para produzir produtos de alta qualidade que atraem preços mais elevados no mercado.

A melhor forma de se adaptar às alterações climáticas

Trata-se de uma estratégia óptima de adaptação às alterações climáticas que permite às empresas fazer face a condições ambientais desfavoráveis. As culturas cultivadas têm mais hipóteses de sobreviver em condições difíceis.

Aumento das receitas provenientes da venda de produtos certificados

Os produtos certificados são de confiança devido à garantia proporcionada pelo rótulo ou logótipo que confirma a norma. Isto permite que grupos e indivíduos tenham acesso a nichos de mercado locais e internacionais que exigem preços elevados. Lucros mais elevados conduzem, sem dúvida, a rendimentos mais elevados e a melhores condições de vida para todos os envolvidos.

Promover o desenvolvimento da economia rural

Os métodos utilizados baseiam-se nos esforços das comunidades locais na sua luta pela sobrevivência durante gerações, utilizando os recursos genéticos das plantas indígenas. As plantas autóctones fornecem produtos importantes que satisfazem as necessidades domésticas, são vendidas para gerar o tão necessário rendimento ou são industrializadas. Estes produtos incluem: mudas de árvores, frutos, sementes para fins industriais, tais como sementes oleaginosas, partes de plantas com valor medicinal, forragem, lenha, postes, madeira, etc.

CAPÍTULO

TRÊS

AUMENTO DA PRODUTIVIDADE DAS CULTURAS

A tecnologia assumiu um papel central na melhoria da produtividade das culturas. As tecnologias de agricultura sustentável já se baseiam em processos que activam processos benéficos para alcançar elevados rendimentos agrícolas. Tais práticas envolvem a gestão sustentável dos solos, a utilização optimizada da água nas explorações agrícolas para a produção de culturas, a utilização judiciosa de agroquímicos e o controlo adequado de pragas, doenças e ervas daninhas.

Gestão sustentável dos solos

O grau de mobilização do solo determina a produtividade de um solo a longo prazo. A gestão sustentável permite que os solos cultivados mantenham a sua produtividade durante um período de tempo mais longo, em comparação com os solos predispostos a práticas convencionais. Na maior parte das vezes, as práticas convencionais sujeitam os solos a uma mobilização intensiva que perturba os processos biológicos naturais, o que afecta a produtividade a longo prazo.

A mobilização mínima do solo, como a lavoura apenas na altura da plantação, a monda pontual subsequente para assegurar uma cama adequada para o crescimento das plantas e a utilização de herbicidas de baixa toxicidade, reduz a perturbação causada pela mobilização do solo e promove uma estrutura favorável do solo.

O objetivo da gestão sustentável do solo é obter uma produção satisfatória numa base sustentável e, ao mesmo tempo, preservar o ambiente. Em geral, as práticas de lavoura que reduzem a perda de solo e promovem a cobertura orgânica do solo contribuem para a conservação do solo e da água e inibem o crescimento de ervas daninhas.

Criar solos saudáveis e produtivos

A criação de solos saudáveis e produtivos exige uma compreensão clara dos solos e dos condicionalismos das condições específicas das culturas. Integra diferentes opções de gestão do solo para melhorar a saúde do solo, manter a sua qualidade e recuperar os solos degradados.

Os solos no seu estado natural raramente oferecem as condições mais favoráveis para o crescimento das culturas. A construção de solos saudáveis e produtivos garante uma produtividade óptima e a sustentabilidade dos sistemas agrícolas.

Os níveis de nutrientes do solo alteram-se inevitavelmente à medida que o solo é utilizado. São necessárias entradas adicionais de nutrientes no solo para manter a produtividade. Os nutrientes vegetais podem ser fornecidos ao solo através da adição de matéria orgânica bem decomposta proveniente de plantas, da utilização de fertilizantes químicos ou de uma combinação de ambos.

Nutrientes do solo e produtividade das plantas

As culturas respondem fortemente a um fornecimento ótimo de nutrientes. As deficiências de nutrientes atrasam o crescimento das plantas e, em casos graves, podem levar à sua morte. É importante fornecer às plantas os nutrientes certos no momento certo, nas quantidades certas e nas proporções certas, para que sejam saudáveis e produzam rendimentos óptimos.

A capacidade do solo para suportar rendimentos saudáveis depende não só dos nutrientes das plantas, mas também das características físicas, biológicas e químicas do solo. Estas características são influenciadas pelo teor de matéria orgânica do solo, pelos níveis de acidez e salinidade do solo, pela textura do solo, pela profundidade do solo, pela capacidade de retenção de água e pela compactação do solo.

Estas características podem afetar de forma diferente determinados grupos de culturas.

Nutrientes essenciais para as plantas

Os solos pobres são uma das principais causas da baixa produtividade das culturas nas regiões tropicais. Este problema é atribuído ao cultivo contínuo de culturas em terras deficientes em nutrientes, à acidificação do solo causada pela utilização constante de produtos químicos e fertilizantes e à remoção de resíduos orgânicos das terras agrícolas.

A eliminação de resíduos de culturas e materiais orgânicos fora da exploração pode causar desequilíbrios de nutrientes nas plantas, resultando em deficiências ou excessos de certos nutrientes no solo.

Nitrogénio

O azoto é abundante na atmosfera e nos tecidos dos organismos vivos, mas esta forma de azoto só pode ser utilizada pelas plantas depois de ter sido convertida numa forma adequada para o cultivo. Os fertilizantes químicos fornecem azoto numa forma que as plantas podem utilizar imediatamente. O processo de conversão do azoto proveniente de fontes naturais é um pouco mais lento e pode não ser favorável às culturas com elevadas necessidades de azoto.

As reservas de azoto nos solos agrícolas são continuamente esgotadas pela conversão biológica em formas gasosas, pela erosão do solo, pela lixiviação e pela remoção dos resíduos de culturas das terras agrícolas. A deficiência de azoto pode ser exacerbada em solos altamente ácidos ou salinos, uma vez que a atividade das bactérias benéficas do solo envolvidas na conversão do azoto gasoso em formas úteis é muito reduzida ou dificultada.

Para atingir o nível necessário de azoto na produção vegetal, é necessário reabastecê-lo periodicamente com resíduos orgânicos bem decompostos e fertilizantes químicos.

A abordagem correcta da utilização de fertilizantes químicos, a aplicação de fertilizantes orgânicos e o estímulo da atividade dos sistemas de fixação biológica do azoto (FBN) são algumas das formas que um agricultor pode aplicar para obter melhores resultados.

Fósforo

A deficiência de fósforo é frequentemente um fator importante que limita a produtividade das culturas em muitas explorações agrícolas em África. As carências podem ser corrigidas quer aplicando fontes de fosfato no solo, quer simplesmente aumentando a eficiência da absorção de fosfato pelas plantas. Uma abordagem comum da deficiência de fósforo é a aplicação de fertilizantes fosfatados inorgânicos no solo.

Os adubos fosfatados, por si só, são ineficazes no fornecimento de fósforo biodisponível às plantas, porque apenas uma pequena quantidade de fósforo aplicada ao solo está disponível para absorção e o resto é rapidamente fixado no solo ou não está disponível para o crescimento das plantas a curto prazo. A libertação do fósforo fixado na maioria dos solos pode ser aumentada através da adição de um meio ácido para dissolver as porções fixadas no solo. Esta forma de gestão da fertilidade do solo requer aconselhamento especializado. Uma forma simples e segura é adicionar matéria orgânica para melhorar os processos biológicos no solo.

Criar solos saudáveis e produtivos com matéria orgânica

O objetivo de melhorar a qualidade do solo com matéria orgânica é enriquecer os recursos do solo de uma forma eficiente e amiga do ambiente. É importante notar que a forma como um solo é gerido pode melhorar ou degradar as suas qualidades naturais. Assim, os solos bem cultivados são a marca de resultados saudáveis e mais produtivos, ao passo que uma gestão incorrecta do solo apenas conduzirá à erosão, à compactação do solo, à salinização, à acidificação ou à contaminação com elementos tóxicos.

Foi demonstrado que as seguintes práticas aumentam o teor de matéria orgânica e a produtividade a longo prazo dos solos: incorporação de resíduos de culturas bem decompostos e de fontes naturais de nutrientes orgânicos ou de minerais de rocha, utilização de culturas mistas e rotação de culturas, proteção do habitat dos organismos do solo através de uma mobilização mínima, redução da compactação do solo, melhoria da drenagem do solo e utilização judiciosa de pesticidas, herbicidas e fertilizantes.

Utilização eficiente da água nas explorações agrícolas para a produção de culturas

O principal problema das culturas de sequeiro é a disponibilidade limitada de água. Este problema é agravado nas zonas propensas à seca.

Os pequenos agricultores das zonas montanhosas, cujas culturas dependem fortemente de épocas de chuva específicas, são os mais afectados pela seca. A falta de água perturba grandemente o funcionamento efetivo dos ecossistemas agrícolas. Para evitar perdas, os agricultores precisam de irrigar as suas explorações para maximizar os benefícios dos seus esforços.

A procura de água para a agricultura tem vindo a aumentar ao longo dos anos, apesar do abastecimento limitado das fontes de água tradicionais, como ribeiros, rios e águas subterrâneas. Em consequência, os agricultores encontram-se numa situação difícil: as colheitas estão constantemente a perder-se devido à escassez aguda de água para a agricultura.

O problema da escassez de água na agricultura pode ser atenuado através da seleção de variedades ou espécies adequadas, do estabelecimento de sistemas de cultivo eficientes ou da utilização de sistemas de irrigação eficazes para evitar a perda total das colheitas, especialmente durante as estações secas.

Métodos de gestão da água nas explorações agrícolas

Os efeitos da seca nas culturas podem ser resolvidos através da utilização de tecnologias de gestão da água nas explorações agrícolas para fornecer água às culturas.

A gestão da água nas explorações agrícolas é mais do que apenas captar e distribuir água às plantas. Envolve o planeamento de situações de escassez ou excedentes de água, a gestão da utilização da água e a procura de formas de aumentar a disponibilidade de água para as actividades agrícolas.

Através da irrigação, os agricultores obtêm rendimentos elevados e produtos agrícolas de qualidade.

Técnica de irrigação

As tecnologias de irrigação diferem na forma como a água é aplicada e na eficiência dos sistemas. Os sistemas eficientes optimizam a programação da irrigação, têm excelentes sistemas de distribuição e fornecem água suficiente.

Os sistemas de rega são classificados em sistemas de rega abertos e de precisão, bem como em sistemas de rega de superfície, suspensos e gota-a-gota.

Os sistemas de rega de superfície e suspensos são classificados como sistemas abertos porque estão sujeitos a perdas de água por percolação, evaporação e deriva. As ineficiências dos sistemas abertos podem ser evitadas através da utilização de sistemas que direccionam o fornecimento de água para o sistema radicular.

Os sistemas de rega de precisão fornecem uma aplicação de água precisa para reduzir eficazmente as perdas de nutrientes para as plantas. Também limitam o crescimento de ervas daninhas e reduzem as condições para as doenças das plantas, limitando a humidade ou a nutrição a áreas do solo próximas da planta.

Escolha da técnica de irrigação

Os sistemas aéreos ou de aspersão são adequados para encostas íngremes e irregulares e para terrenos com solos arenosos.

Os sistemas de rega gota a gota são adequados quando a água limpa é limitada e quando a água de rega pode conter sais dissolvidos que podem causar salinização, permitindo a utilização de menos água.

A irrigação por sulcos requer grandes quantidades de água de irrigação, é adequada para terrenos planos com solos argilosos e argilosos, e funciona melhor onde a água de irrigação é rica em sólidos em suspensão porque não envolve o uso de tubos.

Programação da irrigação

A programação da rega assegura uma distribuição eficiente da água em termos de quantidade e de calendário de fornecimento de água para satisfazer as necessidades das culturas.

Existem diferentes princípios de programação da rega das culturas.

Fases de crescimento das culturas

Ao programar a irrigação, devem ser tidas em conta as fases fisiológicas do desenvolvimento das culturas, uma vez que as necessidades de água dependem do tipo de cultura e da sua fase de crescimento. As culturas devem ser irrigadas numa altura em que são mais sensíveis ao stress hídrico, ou seja, quando são jovens e tenras, em floração ou nas primeiras fases de frutificação.

Indicadores meteorológicos

A temperatura, a velocidade do vento e a humidade determinam a necessidade de rega. Os calendários de rega tornam-se mais intensivos quando as temperaturas do ar são elevadas, a humidade é baixa, os ventos são fortes e o céu está limpo - o que resulta em necessidades elevadas de água para as culturas.

Caracterização das plantas

Verificou-se que algumas plantas têm características que estão intimamente relacionadas com o consumo de água. Estas características podem constituir a base para a programação da rega das culturas. As culturas de cereais requerem mais água em fases de crescimento sensíveis, mas geralmente requerem menos água durante todo o crescimento, enquanto as culturas hortícolas requerem rega abundante quase durante todo o crescimento.

As plantas tolerantes à seca requerem pouca ou nenhuma rega.

Gestão sustentável das pragas e doenças das plantas cultivadas

A agricultura sustentável defende uma combinação de métodos de proteção das plantas para controlar as pragas e as doenças nas culturas em crescimento. Isto ajuda muito a minimizar a utilização de produtos químicos de proteção das culturas que são conhecidos por serem perigosos para as pessoas, os bens e o ambiente.

Tomar decisões sobre a prevenção e o controlo das pragas

O controlo de pragas, doenças e ervas daninhas tem em conta que nem todos os insectos, ervas daninhas e outros organismos vivos necessitam de ser controlados, uma vez que alguns são inofensivos e podem mesmo ser benéficos em termos de reforço e manutenção do equilíbrio ecológico e, consequentemente, de redução do risco de surtos de doenças e de danos nas culturas.

A ênfase na utilização de métodos de proteção das culturas respeitadores do ambiente sublinha a importância da agricultura sustentável para libertar as terras agrícolas de produtos químicos tóxicos e garantir a preservação ou o reforço do ambiente natural.

Uma abordagem passo a passo da gestão de pragas e doenças começa com a monitorização contínua das culturas para detetar doenças e pragas, identificando pragas e doenças e determinando o estado dos danos.

A monitorização e a identificação verificam a presença ou ausência de uma praga ou doença. Isto é feito através da observação direta ou da procura de sinais de ataque às plantas antes de tomar medidas adequadas para controlar ou prevenir pragas ou doenças que possam tornar-se uma ameaça para as culturas. A primeira opção é a utilização de agentes de controlo respeitadores do ambiente.

Os métodos de controlo de pragas, como as hormonas de insectos, os extractos de plantas, os produtos naturais, as armadilhas e iscos para insectos, a rotação de culturas, o saneamento dos campos, a seleção de variedades resistentes e os materiais de plantação limpos são eficazes, económicos e representam pouco ou nenhum risco para as pessoas e o ambiente.

Os produtos químicos não selectivos só devem ser utilizados como último recurso quando os métodos preventivos ou seguros já não são eficazes, não estão disponíveis ou não funcionam. Além disso, a pulverização segura de agroquímicos deve ser obrigatória e, caso contrário, deve ser minimizada ou evitada por todos os meios disponíveis.

Prevenção e controlo de pragas e doenças

Existem vários métodos de proteção das plantas, mas devem ser seguidos métodos seguros e fiáveis para garantir a sustentabilidade da planta e do ambiente.

Os seguintes métodos podem ser utilizados para controlar com êxito as pragas e doenças das plantas.

rotação de culturas

Cultivar as mesmas culturas na mesma área ano após ano contribui para a acumulação de pragas e doenças. A rotação de culturas reduz eficazmente a presença de pragas e doenças, alterando o ambiente imediato das culturas, tornando-o inadequado para pragas e doenças.

Misturas de culturas

As misturas de culturas podem ser culturas de cobertura, culturas intercalares, culturas intercalares, culturas intermédias e culturas múltiplas. A incorporação de diferentes culturas na mesma área ajuda a criar mudanças na exploração agrícola que são principalmente benéficas para as culturas. As misturas de culturas ajudam a controlar as pragas e as doenças, alterando o ambiente e aumentando a presença de inimigos naturais das pragas. Até certo ponto, as misturas de culturas também ajudam a dissuadir as pragas ou a camuflar as culturas das pragas de insectos e, se forem feitas corretamente, podem impedir o movimento e a transmissão de pragas e doenças às plantas susceptíveis.

Localização, espécies e variedades adequadas

Se uma cultura for cultivada em condições às quais não está adaptada, é provável que tenha um fraco desempenho e seja mais suscetível a pragas e doenças. A seleção de variedades tolerantes ao stress que estejam bem adaptadas às condições locais, tendo em conta factores locais como o tipo e a profundidade do solo e o historial de culturas anteriores, pode ajudar a criar sistemas de produção sem pragas e doenças.

Métodos de luta contra as pragas agrícolas

Os seguintes métodos podem ser utilizados para controlar as pragas.

i. Lavrar o solo para enterrar ou sufocar as pragas de insectos que vivem no solo e expô-las à dessecação ou à predação

ii. Cobertura morta com folhas de plástico para criar condições desfavoráveis à existência e reprodução de certas pragas, como pulgões e tripes, que também desempenham um papel na transmissão de doenças entre as plantas

iii. Inundação dos arrozais para sufocar os ovos das pragas e expulsar as larvas das pragas transmitidas pelo solo para que os predadores possam alimentar-se delas

iv. Apanha manual para controlo de grandes pragas

v. Pressurizar as copas das plantas pulverizando água com uma mangueira, um pulverizador ou utilizando aspiradores para remover as pragas das plantas

vi. Armadilhagem com armadilhas de feromonas ou armadilhas adesivas amarelas e azuis para monitorizar e controlar várias pragas.

vii. Boa higiene na exploração agrícola para proteger a exploração e o ambiente de pragas e doenças.

Utilização de organismos predadores

Os organismos predadores atacam as pragas agrícolas durante o seu desenvolvimento e crescimento, mas permanecem inofensivos para as culturas. Esta lista inclui: larvas e adultos de escaravelhos, vespas, formigas, crisopídeos verdes, joaninhas, louva-a-deus, nemátodos parasitas, vespas trichogramma e aranhas. Alimentam-se principalmente de afídeos, cochonilhas, tripes, ácaros, lagartas, larvas, escaravelhos, lagarta-da-espiga, lagarta-do-cartucho, broca-do-milho, minhocas, outros pequenos insectos e seus ovos.

Utilização de parasitóides

Os parasitóides instalam-se no interior ou no exterior de certas pragas para completar o seu ciclo de vida e destruir os seus hospedeiros durante o processo. Sabe-se que certas espécies de moscas e nemátodos infestam e destroem uma vasta gama de insectos nocivos, lesmas e caracóis.

Utilização de insecticidas microbianos patogénicos

Os micróbios patogénicos germinam e penetram nos órgãos da maior parte dos insectos-praga, acabando por destruí-los. O seu potencial para o controlo de pragas é limitado devido à sua dependência da produção industrial. No entanto, os micróbios patogénicos ocorrem naturalmente em sistemas biodiversos.

Utilização de produtos fitofarmacêuticos químicos

A utilização de agroquímicos permitiu avanços significativos na produção de alimentos fiáveis e baratos, mas também suscita preocupações quanto aos riscos graves para as pessoas expostas a produtos químicos durante a sua utilização ou para as pessoas que utilizam produtos agrícolas com níveis tóxicos de resíduos químicos.

Os produtos químicos de proteção das culturas altamente tóxicos têm um baixo grau de especificidade em relação aos organismos vivos e, como sempre, perturbam a natureza e os sistemas biológicos, reduzindo a biodiversidade e criando um potencial de instabilidade e problemas futuros.

A agricultura baseada na utilização de produtos químicos acaba por se tornar insustentável, pelo que são necessárias abordagens respeitadoras do ambiente para a produção de culturas. Recomenda-se a utilização moderada e cautelosa de produtos químicos tóxicos não selectivos ou a sua substituição por preparações menos tóxicas ou por preparações derivadas de extractos de plantas.

Utilização segura de agroquímicos

A utilização de agroquímicos na agricultura é de grande importância, mas, infelizmente, a exposição constante a elementos tóxicos contidos nos agroquímicos pode levar a problemas de saúde para os utilizadores, as suas famílias e o ambiente.

Os produtos agroquímicos podem entrar no corpo de diferentes formas: por contacto com o corpo, ingestão ou inalação. A pele e os olhos são mais susceptíveis à exposição, pelo que deve ser usado equipamento de proteção ou vestuário que cubra a maior parte do corpo possível. É importante ler o rótulo para determinar o vestuário de proteção necessário, o equipamento e a quantidade de produto químico utilizado.

A quantidade de produto químico utilizado é determinada pela sua utilização prevista e só deve ser utilizada a quantidade indicada no rótulo. Na maioria dos casos, a quantidade correcta é determinada pela dimensão da área a tratar.

Antes da utilização de produtos agroquímicos, é necessário identificar as precauções de segurança e os procedimentos correctos a seguir na sua aplicação para minimizar os potenciais danos para os seres humanos, os animais, as plantas e o ambiente.

O momento da aplicação dos produtos agroquímicos nos campos depende principalmente das condições climatéricas. Deve evitar-se a pulverização em condições de vento, em dias muito quentes ou durante as chuvas. O vento atira o aerossol para longe dos alvos pretendidos, reduzindo a sua eficácia, e pode também causar danos a objectos não visados.

A pulverização em dias muito quentes torna o pulverizador leve e faz com que se desvie para alvos não visados, enquanto a pulverização à chuva é diluída. A aplicação de produtos químicos em condições incorrectas torna-os ineficazes e pode, por vezes, levar os agricultores a aplicá-los erradamente em excesso para obter o efeito desejado. A aplicação excessiva causa danos desnecessários às culturas e ao ambiente.

Após a aplicação, recomenda-se que sejam respeitadas as informações constantes do rótulo do produto relativamente às restrições ou proibições de voltar a visitar a zona tratada ou

o número mínimo de dias que deve ser aguardado antes que a cultura possa ser colhida. O rótulo deve ser lido para determinar onde e como armazenar o agroquímico, como descontaminar quaisquer partes do corpo que possam ter entrado em contacto com o produto químico ou com o vestuário de proteção, e como eliminar o recipiente ou o excesso de produto químico.

Gestão sustentável das infestantes nas culturas

As infestantes causam reduções significativas no rendimento e na qualidade das forragens e das culturas. Também aumentam o custo de produção em termos da quantidade de mão de obra necessária para a lavoura e dos herbicidas utilizados para as controlar.

Idealmente, os agricultores gostariam de manter as culturas ou as pastagens livres de ervas daninhas, mas na realidade isso nem sempre é possível. O controlo das infestantes apenas pode reduzir o número de infestantes para um nível aceitável. Isto é necessário para obter rendimentos e uma qualidade de cultura aceitáveis, maximizando simultaneamente os benefícios das infestantes em termos de gestão do solo e de outras utilizações.

Métodos sustentáveis de controlo de ervas daninhas

A prevenção e o controlo das ervas daninhas podem ser conseguidos minimizando o aparecimento de novas sementes de ervas daninhas na exploração, eliminando todas as ervas daninhas existentes e desenvolvendo uma estratégia sólida de rotação de culturas.

Os agricultores podem também melhorar a utilização de práticas culturais e mecânicas para gerir e reduzir o tempo e os recursos necessários para um controlo eficaz das infestantes, como se mostra nas abordagens seguintes.

rotação de culturas

O cultivo sucessivo de diferentes espécies de culturas no mesmo campo introduz uma variação suficiente nas terras agrícolas para que a maioria das ervas daninhas seja afetada de forma desfavorável.

Diferentes espécies de plantas ou mesmo variedades têm diferentes necessidades de
nutrientes, água e luz, pelo que uma estratégia de rotação de culturas bem concebida
conduzirá a culturas saudáveis, melhorando a saúde do solo e reduzindo a concorrência das ervas daninhas. concorrência das ervas daninhas. concorrência das ervas daninhas. concorrência das ervas daninhas.
concorrência das ervas daninhas. Além disso,
algumas ervas daninhas são fáceis de identificar e gerir, bastando cultivar outros tipos de culturas.

Variedades resistentes às ervas daninhas

As culturas que estão bem adaptadas às condições locais não só produzem rendimentos elevados, como também têm características hereditárias que proporcionam uma capacidade competitiva contra as infestantes. As espécies de culturas variam consideravelmente na sua capacidade competitiva contra as infestantes. No entanto, a capacidade das culturas para competir com as infestantes é reforçada por operações agronómicas atempadas.

Operações agronómicas atempadas

Práticas agronómicas adequadas promovem o crescimento vigoroso precoce e o aumento da biomassa. Isto assegura a emergência precoce das plântulas, o estabelecimento uniforme da cultura, uma copa densa e um maior crescimento. As culturas com um estabelecimento mais uniforme e uma distribuição densa das raízes e da copa têm uma maior capacidade de suprimir as ervas daninhas.

Para reduzir a interferência das ervas daninhas nas culturas, o momento, a quantidade e a colocação do fertilizante devem ser controlados. A colocação de fertilizantes em faixas estreitas à volta das plantas aumenta a sua competitividade contra as ervas daninhas.

Culturas de cobertura e coberturas vegetais orgânicas

As culturas de cobertura e as coberturas vegetais orgânicas têm um grande potencial para o controlo de ervas daninhas porque impedem a germinação das sementes de ervas daninhas e sufocam as ervas daninhas jovens. Alguns materiais de cobertura vegetal, como os talos de centeio, libertam substâncias químicas que suprimem o crescimento das ervas daninhas muito tempo depois da aplicação.

Controlo biológico de ervas daninhas

Os agentes biológicos alimentam ou infectam certas espécies de ervas daninhas. Podem também ser aplicados artificialmente para suprimir ou matar as infestantes sem prejudicar as culturas. O controlo biológico pode ser efectuado de duas formas: biocontrolo clássico e moderno.

O método clássico de biocontrolo consiste em libertar agentes de biocontrolo nas infestantes e depois deixá-los reproduzir-se e espalhar-se por si próprios. Trata-se de um método de controlo eficaz que persiste durante muito tempo após a aplicação, sem o custo adicional de reintroduzir os agentes. Os insectos que se alimentam de certas ervas daninhas são um bom exemplo de biocontrolo clássico.

O biocontrolo moderno envolve a libertação periódica de uma quantidade abundante de um agente de controlo, frequentemente um fungo, que infecta a planta infestante visada. Esta estratégia é adequada quando é necessário um controlo mais rápido das infestantes e em situações em que as perturbações impedem frequentemente o estabelecimento a longo prazo do agente de biocontrolo.

CAPÍTULO QUATRO

OPTIMIZAÇÃO DO CRESCIMENTO DAS FORRAGENS PARA A PRODUÇÃO ANIMAL EM REGIME DE PASTAGEM

A criação de gado está a crescer a passos largos graças a novas raças e a métodos de criação sofisticados. De facto, as novas tecnologias transformaram a pecuária tradicional numa empresa altamente produtiva e rentável.

A produção animal tradicional dificilmente maximiza o rendimento financeiro por unidade de superfície ou a quantidade de recursos alimentares disponíveis. Dada a diminuição dos recursos de pastagem e forragem, bem como os efeitos das alterações climáticas, a produção animal tradicional já está a enfrentar sérios desafios.

Os métodos tradicionais podem ser melhorados para garantir a sustentabilidade tanto das empresas como do ambiente imediato, tendo em conta uma série de factores que afectam a produtividade dos animais e das pastagens, nomeadamente a seleção das espécies animais, a produtividade animal, a disponibilidade e a qualidade dos alimentos, a saúde e o vigor e a produtividade das pastagens.

O sucesso de um determinado sistema de gestão do pastoreio é determinado por uma série de decisões que incluem os tipos de animais a pastar, o número de animais, a distribuição e o momento do pastoreio. Estas decisões afectam, por sua vez, a disponibilidade e a qualidade da forragem, o desempenho e a produtividade dos animais, bem como a saúde e o vigor das pastagens.

Gestão das pastagens

A eficiência com que as plantas convertem a energia solar em folhas verdes e a capacidade dos animais para recolher e utilizar a energia dessas folhas depende da gestão das pastagens.

Os recursos de pastagem devem ser utilizados de forma ordenada para maximizar a produtividade, facilitar a recuperação rápida da forragem colhida e permitir que os excedentes sejam armazenados como feno ou silagem. Uma gestão adequada dos recursos de pastagem proporcionará aos animais uma forragem acessível e uma maior produção animal por unidade de superfície.

Muitas vezes, a complexidade dos ecossistemas de pastagem coloca vários desafios aos gestores de pastagens. Tal deve-se principalmente ao facto de as decisões serem geralmente tomadas no início do ano, quando os rendimentos forrageiros ainda não são conhecidos. Para obter melhores resultados, os gestores de pastagens podem tomar medidas para fazer face a imprevistos, erros e riscos que normalmente não são previstos durante o planeamento.

Gestão sustentável dos recursos de pastagem

A produtividade a longo prazo dos recursos das pastagens exige que se mantenham as funções do ecossistema natural das pastagens e que se privilegie a manutenção de recursos de pastagem saudáveis em vez de lucros imediatos com a forragem e o gado.

O equilíbrio entre as necessidades da produção animal e as funções do ecossistema natural dos ecossistemas de pastagens favorece a rápida regeneração das pastagens e a conservação a longo prazo, bem como a rentabilidade.

Estratégias de pastoreio para rentabilidade e sustentabilidade

O pastoreio pode ter um impacto negativo ou positivo nas pastagens, dependendo da forma como é gerido. Os criadores de gado devem gerir as pastagens de forma proactiva, com o objetivo de preservar as funções do ecossistema natural.

As medidas que se seguem podem ser aplicadas para obter um rendimento ótimo dos recursos das pastagens e um bom estado das mesmas.

Seleção dos tipos correctos de alimentos para animais

As necessidades e objectivos específicos do agricultor determinam os tipos de pastagens para um determinado sistema de pastoreio. Na maioria dos casos, as pastagens são constituídas por uma única espécie forrageira ou por uma mistura de espécies, que pode ser muito diversificada ou muito simples. Uma mistura que contenha 4-6 espécies que se adaptem umas às outras em termos de maturidade, adaptação ao solo e condições ambientais dá muito melhores resultados.

As espécies que apresentam um excelente crescimento inicial têm grandes necessidades de água e de fertilizantes para produzir forragem de alta qualidade no início da estação. Estas forragens podem tornar-se desagradáveis se a colheita for atrasada.

As espécies com taxas de crescimento lento permanecem vegetativas durante mais tempo e conservam as suas qualidades durante mais tempo. Estas espécies são adequadas para taxas de manutenção baixas e são uma excelente fonte de forragem no final da estação, especialmente entre as colheitas de forragem no início da estação.

A erva de Rhodes, a erva de centeio, a erva Bermuda, a erva Johnson, a erva de pomar, a erva Buffel, a erva Buffalo, a erva estrela, a erva Sudan, o painço, a erva-de-bico, a erva Napier, a erva Columbus, a luzerna, o desmódio, o trevo, a ervilhaca, o tremoço e a luzerna são algumas das culturas de pastagem e forragem mais conhecidas.

Integração de árvores e arbustos forrageiros

A importância das árvores no ecossistema não pode ser subestimada: as árvores conservam o solo e a água e podem servir de forragem para o gado. A utilização de árvores forrageiras nas pastagens pode tornar a criação de gado uma atividade rentável face ao aumento das secas e aos efeitos negativos das alterações climáticas.
Gliricidia, Leucaena, Sesbania, Albizia, Calliandra e Faidherbia são algumas das espécies arbóreas e arbustivas cujas folhas ou vagens recém-colhidas e secas podem ser dadas ao gado para uma elevada produtividade.

Adequar os alimentos disponíveis às necessidades dos animais

O número de animais numa dada área de recursos de pastagem determina a carga de pastagem e, em última análise, a sua produtividade. Uma pressão de pastoreio elevada conduz frequentemente ao sobrepastoreio, uma situação que pode ser evitada se se adequar a forragem disponível às necessidades dos animais. O pastoreio insuficiente leva à perda de forragem e, consequentemente, a um baixo desempenho económico por área de recursos de pastoreio.

Soluções de gestão sustentável das pastagens

É necessário conter e reduzir os custos a fim de obter mais lucros com a atividade pecuária. As boas práticas de pastoreio permitem aos criadores de gado reduzir os custos da alimentação, que é o aspeto mais dispendioso da produção animal.

Seguem-se algumas situações importantes relacionadas com a gestão do pastoreio.

Controlo do subpastoreio ou do sobrepastoreio

Este cenário é suscetível de ocorrer com o pastoreio contínuo. A ocorrência de sobrepastoreio ou subpastoreio depende do número de animais numa determinada unidade de pastagem. O sobrepastoreio ocorre quando há

o número de animais excede os recursos de pastagem disponíveis, enquanto o subpastoreio ocorre quando os recursos de pastagem excedem o número de animais.

O problema do sobrepastoreio pode ser resolvido fornecendo um número suficiente de animais por unidade de área de pastagem, utilizando espécies forrageiras bem adaptadas ao pastoreio permanente, vedando temporariamente as áreas de pastoreio intenso ou simplesmente reduzindo o número de animais na pastagem. O sobrepastoreio reduz a produtividade das pastagens e diminui a resistência de muitas gramíneas e leguminosas.

Por outro lado, o subpastoreio pode ser resolvido aumentando o número de animais na pastagem ou cortando a "forragem subpastoreada" para remover a vegetação velha e encorajar o crescimento de forragem de melhor qualidade.

Pastoreio sistemático ou controlado para alimentar vacas em lactação, animais de engorda e animais jovens

A área de pastagem pode ser dividida em cercados que são pastados e os animais mudam para novos cercados. Isto permite que os animais pastem em cada paddock e garante um período de descanso, o que é muito importante para manter a produtividade das espécies forrageiras. Para além de os animais terem um melhor controlo sobre o que comem, é garantido um melhor crescimento e sustentabilidade das pastagens. Este sistema é adequado quando o objetivo é manter um elevado nível de produtividade de animais de alto rendimento.

Os piquetes podem ser utilizados para atingir os objectivos específicos de fornecer pastagens suculentas aos animais em lactação ou engorda e aos animais jovens. Certas categorias de animais têm acesso a alimentos de primeira qualidade e altamente nutritivos.

Os animais jovens podem dispor de corredores suficientemente altos para poderem passar por baixo, mas suficientemente baixos para restringir o movimento de animais maiores e mais velhos, ou podem ser instalados portões especiais para os animais jovens poderem passar.

Utilização eficiente dos recursos de pastagem

O pastoreio de efectivos mistos de animais garante uma utilização eficiente dos recursos de pastagem, uma vez que os animais consomem os seus tipos de forragem preferidos. Os bovinos preferem as gramíneas leguminosas, enquanto os ovinos preferem as gramíneas imaturas e as ervas daninhas às leguminosas. As cabras consomem arbustos, para além de outras plantas forrageiras. As ovelhas, as cabras e os bovinos tendem a complementar-se mutuamente, pelo que a partilha de duas ou mais espécies animais assegurará uma utilização mais eficiente dos recursos de pastagem.

Avaliação da produtividade das pastagens

Uma avaliação da pastagem examina a comunidade vegetal existente numa pastagem em termos de desejabilidade, diversidade e densidade, intensidade do pastoreio, presença de erosão do solo, folhada ou resíduos e infestação de ervas daninhas para determinar o estado da pastagem.

As avaliações das pastagens são efectuadas regularmente e na mesma altura todos os anos. Isto destina-se a assegurar uma comparação constante entre as condições actuais e passadas.

A avaliação determina o estado geral dos recursos de pastagem e baseia-se nos seguintes indicadores

Tipos de alimentos para animais

O tipo de forragem nos recursos de pastagem ajuda a determinar o estado sanitário das pastagens e desempenha um papel importante na garantia de que os tipos de forragem preferidos são suficientes para os animais durante toda a estação.

O gado prefere gramíneas e leguminosas, pelo que as pastagens com muitas gramíneas e leguminosas são consideradas mais saudáveis do que as que têm espécies indesejáveis, como cardos ou plantas venenosas e lenhosas.

Número de espécies vegetais diferentes

A diversidade vegetal é o número de espécies vegetais diferentes que estão amplamente representadas na pastagem. Este aspeto é importante para proteger os recursos do solo e manter a produtividade da pastagem durante toda a estação de crescimento.

Assim, as pastagens saudáveis são pastagens com diversidade de espécies que desempenham múltiplas funções para os produtores de gado.

Coberto vegetal e presença de ervas daninhas

A densidade de plantas da forragem desejada é importante para a produção de pastagens.

A densidade de plantas por unidade de área pode ser alterada durante um curto período de tempo durante a seca, embora o sobrepastoreio seja a principal causa da desnudação das pastagens. A irrigação deve ser praticada para mitigar os efeitos da seca.

A fraca cobertura vegetal e a presença de ervas daninhas indicam um mau estado dos recursos pastoris e uma baixa produtividade. As áreas nuas permitem a germinação de ervas daninhas e causam a erosão do solo.

Vigor da planta

O vigor das espécies forrageiras reflecte-se no crescimento saudável das pastagens, na cor brilhante das pastagens, no tamanho visível das plantas, na boa taxa de rebrota após a colheita e na elevada produtividade.

É importante colher a forragem na fase correcta para obter a qualidade e a quantidade desejadas de erva sem comprometer a viabilidade da planta.

Percentagem Leguminosas

As leguminosas forrageiras fornecem alimentos de alta qualidade para o gado, fertilizantes verdes, cobertura do solo e são conhecidas por terem associações radiculares com organismos do solo que fixam o azoto atmosférico.

As leguminosas forrageiras nas pastagens melhoram a saúde das pastagens e a qualidade da mistura de pastagens através de uma folhagem rica em proteínas.

As leguminosas forrageiras são, na sua maioria, tolerantes à seca e, por conseguinte, fornecem a maior parte da forragem durante a seca.

Recuperação de pastagens após o pastoreio

A regeneração das pastagens é o indicador mais importante da qualidade das pastagens. Mostra como as pastagens respondem à quantidade e frequência do pastoreio.

As pastagens com a quantidade e a frequência adequadas de pastoreio recuperam atempadamente e permanecem saudáveis. O mesmo não acontece com as pastagens que são frequentemente e fortemente pastoreadas e que se caracterizam por um baixo vigor, densidades reduzidas de espécies desejáveis e erosão generalizada do solo.

Uniformidade de utilização das espécies forrageiras

O pastoreio pontual leva à subutilização da forragem das pastagens e à formação de manchas nuas em zonas de pastagem onde pastam muitos animais. As forragens que são pastadas em pequenas quantidades revelam-se fibrosas, pouco palatáveis e pouco nutritivas.

A gestão das pastagens tem por objetivo aumentar a uniformidade da utilização dos recursos de pastagem pelo gado. Contudo, as diferenças entre os animais e as espécies forrageiras e as taxas de alimentação podem conduzir a um certo nível de pastoreio desigual. Na maior parte das vezes, o pastoreio uniforme dos recursos de pastagem indica uma composição equilibrada e um bom estado do povoamento de pastagem.

Por vezes, os animais preferem ou evitam certas áreas de pastagem por razões específicas, mas os agricultores podem utilizar várias formas de desviar os animais do seu local preferido, colocando estrategicamente um bebedouro, aditivos alimentares ou uma mistura de sal e minerais.

Incidentes de erosão do solo

A erosão do solo é causada pela água, pelo vento, por animais que pastam e por actividades humanas e ocorre quando o solo entre as plantas de um povoamento de árvores é deslocado por agentes de erosão.

O grau de erosão do solo determina o nível de gestão dos recursos de pastagem. Observa-se uma elevada frequência de erosão do solo em áreas nuas, o que se deve principalmente ao sobrepastoreio. As pastagens em declives acentuados são mais susceptíveis à erosão do solo.

Quantidade de resíduos de culturas e de estrume

As camas e os resíduos de culturas deixados após o pastoreio não só asseguram o recrescimento da forragem na pastagem, como também servem de cobertura vegetal que protege o solo. Quantidades moderadas de resíduos e de folhada são bem-vindas, uma vez que se decompõem, fornecendo nutrientes e matérias orgânicas ao solo. Demasiadas camas impedem o recrescimento, interferem com a formação da folhagem e resultam em forragens muito fibrosas e sem valor nutritivo.

Estratégias para otimizar o crescimento das pastagens, os recursos forrageiros e a sustentabilidade dos recursos das pastagens

Os sistemas de pastoreio permitem aos produtores de gado fazer ajustamentos com base nas necessidades alimentares actuais e previstas. Ajustes atempados podem maximizar e manter a produtividade animal e forrageira a baixo custo.

Os seguintes métodos e ajustamentos podem ser utilizados isoladamente ou em combinação uns com os outros para manter os recursos das pastagens e preservar o desempenho e a produtividade dos animais.

a. Controlo de quando, onde, durante quanto tempo e com que intensidade o gado pasta em instalações de engorda adjacentes às margens dos rios. Tal evitará ou minimizará os efeitos negativos da erosão acelerada do solo e da descarga de sedimentos nas águas de superfície, da poluição e da destruição dos habitats aquáticos a jusante.

b. Cultivo de árvores forrageiras em sistemas de criação ao ar livre e em quintais para fornecer alimentos nutritivos para manter os animais alimentados, saudáveis e altamente produtivos durante todo o ano. O gado pode necessitar de suplementos de minerais, vitaminas, proteínas e alimentos energéticos quando os recursos de criação ao ar livre são escassos.

c. A conservação dos excedentes forrageiros garante que a forragem excedentária de uma estação boa seja consumida em excesso e assegura a sobrevivência das pastagens durante e após a seca.

d. A redução das normas de alojamento do gado durante a seca evita a degradação grave das pastagens, a deterioração da produtividade animal e a redução dos custos de produção.

e. Fixar a taxa de maneio do gado em 25% da pastagem total disponível, de modo a que as pastagens possam regenerar-se para evitar o sobrepastoreio e a degradação dos recursos de pastagem.

f. A existência de mais do que uma fonte de água ajudará a distribuir os nutrientes dos dejectos dos animais de uma forma mais alargada pela pastagem, uma vez que os animais tendem a reunir-se perto de massas de água.

g. Remoção de plantas venenosas das pastagens para reduzir o risco de envenenamento do gado, especialmente em condições extremas, quando o gado é menos seletivo no pastoreio.

CAPÍTULO

CINCO

REFLEXÕES SOBRE AS CULTURAS GENETICAMENTE MODIFICADAS

A biotecnologia é um conjunto de novas tecnologias baseadas em processos biológicos, nas funções dos genes e no seu comportamento no ambiente. Em termos simples, a biotecnologia é a utilização de organismos vivos para modificar processos biológicos. No caso das culturas, é a modificação do seu património genético para melhorar a produtividade, o rendimento, a qualidade pós-colheita e as propriedades culinárias.

Desenvolvimento de novas variedades de culturas

A criação de novas variedades de plantas ocorre através da seleção dos indivíduos mais bem sucedidos de uma população. As espécies de plantas que têm mais sucesso no crescimento, reprodução e sobrevivência contribuem mais para as gerações seguintes.

O melhoramento de plantas assumiu grande parte do trabalho de desenvolvimento de culturas que anteriormente estava no enclave dos agricultores. Importantes culturas de base e de rendimento foram desenvolvidas através da transferência de características desejáveis de duas ou mais variedades para uma nova variedade. As novas variedades são derivadas de combinações genéticas complexas de mais de duas estirpes da mesma espécie. O melhoramento das variedades vegetais está a evoluir gradualmente para a biotecnologia, que é mais precisa, fornece uma vasta gama de genes específicos e poupa tempo.

A biotecnologia tornou possível a introdução de características desejáveis nas plantas cultivadas num curto espaço de tempo, através de técnicas de transformação genética. Isto também permite uma maior proteção dos direitos intelectuais sobre as novas variedades sob a forma de patentes, o que não é possível através da seleção dos agricultores e do melhoramento tradicional das plantas.

O futuro e a biotecnologia vegetal

A biotecnologia altera a composição genética de um organismo para mudar a sua composição genética e reproduzir novas características em todos os descendentes subsequentes do organismo modificado.

Os cientistas estão a atualizar o germoplasma existente utilizando genes do pool genético existente que codificam as características desejadas, de forma mais rápida e precisa do que era possível utilizando os métodos tradicionais.

As tecnologias genéticas combinadas com práticas modernas de gestão das culturas oferecem a oportunidade de criar empresas agrícolas mais versáteis em termos de benefícios agronómicos e económicos (resistência a pragas e doenças, aumento dos rendimentos), benefícios pós-colheita e de armazenamento e melhor valor nutricional.

Benefícios das culturas geneticamente modificadas

As culturas geneticamente modificadas (GM) são principalmente cultivadas por grandes explorações industriais em países desenvolvidos e em alguns países em desenvolvimento. Os pequenos agricultores dos países em desenvolvimento estão dispostos a cultivar culturas transgénicas juntamente com culturas convencionais devido a características específicas importantes que resolvem os problemas de pragas e doenças, ervas daninhas difíceis de erradicar, escassez de água e solos pobres em África.

As variedades modificadas com características transgénicas de resistência a insectos e doenças, resistência a herbicidas, características desejáveis de pós-colheita e armazenamento estão a tornar-se uma marca da produção agrícola em África e em todo o mundo. A soja, o milho, o algodão e a colza já foram modificados e são cultivados em grandes áreas em muitos países.

Os benefícios associados às culturas geneticamente modificadas (GM) são os seguintes

Uma forma simplificada de controlar as pragas, doenças e ervas daninhas das plantas

As abordagens convencionais de controlo de pragas e ervas daninhas através de métodos culturais e produtos químicos deverão mudar com o aparecimento de plantas com características transgénicas de resistência a pragas, doenças e herbicidas não selectivos. Isto torna mais fácil o controlo de pragas, doenças e ervas daninhas; por conseguinte, os produtores só precisarão de plantar culturas com características modificadas.

As soluções transgénicas para as doenças das plantas assumem a forma de genes de resistência às doenças introduzidos nas plantas para produzir propriedades antifúngicas, antibacterianas e antivirais que proporcionam proteção contra as doenças das culturas. Os genes que conferem resistência às pragas reduzem ou eliminam as pragas e os pesticidas necessários para as controlar. As reduções significativas na utilização de pesticidas nas culturas GM têm benefícios para a saúde, especialmente para os trabalhadores agrícolas que frequentemente aplicam pesticidas sem vestuário de proteção.

As plantas com resistência a herbicidas não selectivos representam uma opção de controlo de ervas daninhas relativamente barata. Isto deve-se ao facto de os herbicidas poderem ser utilizados sem prejudicar a cultura resistente aos herbicidas, facilitando o controlo de uma vasta gama de ervas daninhas nas culturas arvenses.

Elevada qualidade das culturas e elevado valor nutricional dos produtos

As culturas geneticamente modificadas têm propriedades pós-colheita desejáveis ou podem conter nutrientes que faltam na dieta de muitas pessoas nos países em desenvolvimento. A modificação genética foi implementada com sucesso nos seguintes aspectos.

- Redução significativa do processo de maturação dos frutos maduros, o que permite aumentar o tempo de conservação, a transportabilidade e melhorar as propriedades tecnológicas dos frutos.

- Alimentos geneticamente modificados para a alimentação humana e animal com níveis reduzidos de anti-nutrientes, toxinas e alergénios.

- O enriquecimento de variedades de culturas para alimentação animal e humana com vitaminas essenciais ajudou a reduzir as carências de nutrientes.
- Aumentar a quantidade de óleo, melhorar a composição dos óleos nas culturas oleaginosas,

Aumento da estabilidade do óleo durante a fritura e melhoria do sabor.

- Aumento do teor de proteínas nas culturas cerealíferas para fornecer aminos essenciais

Ácidos com valor nutricional e alimentar.

Estão a ser desenvolvidas inúmeras outras variedades de culturas geneticamente modificadas para dar resposta à qualidade das culturas, à saúde humana e às necessidades industriais.

Resistência a factores de stress ambiental

A tendência omnipresente de modificar o ambiente de crescimento das culturas deve ser ultrapassada por culturas transgénicas que se adaptem a uma vasta gama de condições de crescimento, realizando simultaneamente o seu potencial de rendimento e de biomassa.

As características de tolerância incluem a tolerância a solos salinos, que permite que as plantas cresçam bem em solos salinizados acima dos níveis letais normais, e a tolerância à seca, que impede que as plantas desidratem, bem como outras características.

Crescimento ótimo das plantas devido a excelentes associações microbianas

Existem oportunidades para desenvolver variedades transgénicas com estruturas radiculares optimizadas para o crescimento, uma associação microbiana superior, uma melhor absorção de água e de nutrientes para obter rendimentos elevados e produção de biomassa.

O estado do solo à volta das raízes determina o efeito dos agentes patogénicos das plantas e dos micróbios promotores de crescimento no crescimento das plantas. Os micróbios do solo existem em equilíbrio na superfície das raízes, no solo e em películas finas de água. Apresentam também um elevado nível de competição pela colonização em solos biologicamente activos.

As sinergias entre as plantas e as comunidades microbianas do solo podem ser reforçadas por culturas geneticamente modificadas para tirar partido dos benefícios proporcionados por determinados micróbios do solo. Estes sinergismos representam um potencial interessante para a proteção das plantas, a supressão de doenças, a promoção do crescimento das plantas e a nutrição das plantas.

Eis alguns exemplos de organismos do solo úteis para o crescimento das plantas.

- As espécies de Pseudomonas no solo inibem a senescência das raízes, estimulando assim o seu crescimento.
- As rizobactérias produzem fitohormonas que estimulam o crescimento das raízes e a produção de exsudado radicular, o que aumenta o valor nutricional para os micróbios do solo.
- Os fungos micorrízicos melhoram a absorção de fósforo e zinco do solo e suprimem eficazmente os fungos e nemátodos das doenças radiculares.
- Os rizóbios melhoram o crescimento das plantas e conduzem a um aumento do teor de proteínas em algumas culturas de leguminosas.

As culturas transgénicas têm potencial para beneficiar a sociedade, aumentando o rendimento e a qualidade dos alimentos. As perspectivas de produzir culturas transgénicas mais saudáveis e enriquecidas do que as culturas convencionais são demasiado grandes para serem ignoradas, uma vez que desempenharão um papel importante na erradicação da fome e da nutrição no mundo.

O debate em curso sobre os transgénicos discute as consequências reais e imaginárias dos alimentos geneticamente modificados. Estas preocupações podem ser abordadas através de modelos proactivos de gestão de riscos que incorporem investigação científica adequada, bem como mecanismos regulamentares e políticos que assegurem uma utilização favorável, ética e sustentável dos benefícios da biotecnologia.

CAPÍTULO

SEIS

CRIAR MEIOS DE SUBSISTÊNCIA SUSTENTÁVEIS ATRAVÉS DA AGRICULTURA BIOLÓGICA

A agricultura biológica está desde há muito associada à prática típica de cultivar uma variedade de culturas em condições ligadas aos ritmos da natureza e que excluem a utilização de pesticidas, fertilizantes, organismos geneticamente modificados, antibióticos e hormonas de crescimento.

O desenvolvimento da agricultura biológica levou a que esta se tornasse uma forma de agricultura muito sofisticada e rentável, que produz produtos legítimos e certificados como biológicos. O principal objetivo da indústria biológica é desenvolver negócios que sejam sustentáveis e harmoniosos com o ambiente.

A agricultura biológica tem propriedades que apoiam a saúde dos solos, dos ecossistemas e das pessoas, integrando a utilização dos recursos locais, os processos ecológicos existentes, a biodiversidade e os ciclos naturais. Combina tradição, inovação e ciência para beneficiar o ambiente comum e promover relações equitativas entre microrganismos naturais e domesticados, plantas, animais e pessoas.

São encorajadas as práticas que apoiam os sistemas naturais a realizar o seu próprio potencial de vida e que apoiam os mecanismos biológicos para equilibrar os minerais, melhorar o solo e controlar as pragas. Por exemplo, as culturas múltiplas, a rotação de culturas, a utilização de adubos verdes, as culturas de cobertura, a utilização de composto e as práticas culturais de gestão de pragas apoiam a produtividade do solo e controlam as pragas na exploração, para citar apenas algumas das práticas agrícolas utilizadas na agricultura biológica.

A agricultura biológica faz parte integrante do bem-estar socioeconómico dos grupos de baixos rendimentos e de todos os participantes activos em toda a cadeia de valor, uma vez que contribui para o reforço das economias locais e para a autossuficiência através de empresas agrícolas de baixo risco e de elevado retorno sobre o investimento.

Evolução da agricultura biológica

Os povos indígenas praticavam originalmente a agricultura tradicional, em parte como uma resposta intelectual às exigências da vida. As práticas agrícolas indígenas reflectem os sistemas de crenças e as tradições das comunidades que lhes permitiram viver em harmonia com o ambiente durante gerações. Estas práticas são diferentes das desenvolvidas pelas universidades, institutos públicos de investigação e empresas privadas.

Os métodos e práticas agrícolas indígenas têm sido transmitidos de geração em geração durante séculos. Estes métodos incluem componentes práticas de um amplo espetro que engloba conhecimentos tradicionais de agricultura, saúde, culinária, educação, gestão de recursos naturais e fazem parte dos valores culturais e crenças espirituais das comunidades locais.

Com o passar do tempo, a agricultura local transformou-se da sua forma tradicional para a agricultura biológica, que enfatiza a utilização de recursos na exploração agrícola ou perto dela para produzir uma variedade de culturas. A ideia é afastar-se da utilização de produtos químicos na agricultura, que, ao longo dos anos, provocaram efeitos negativos devido a elementos tóxicos nas suas formulações.

A agricultura biológica é um método de agricultura intensiva que utiliza recursos na exploração agrícola ou perto dela para cultivar uma variedade de produtos para consumo doméstico e mercados locais. O sucesso deste sistema baseia-se em mecanismos locais e processos naturais que mantêm a produtividade do solo, fornecem nutrientes às plantas e regulam as pragas de insectos, as ervas daninhas e as doenças. A agricultura biológica exclui rigorosamente a utilização de fertilizantes químicos, pesticidas e organismos geneticamente modificados.

Com o passar do tempo, os agricultores biológicos desenvolveram sistemas sofisticados que eliminam a utilização de produtos químicos na agricultura, o que deu origem à agricultura biológica. A agricultura biológica é uma forma rentável de agricultura biológica baseada em normas cuidadosamente desenvolvidas que apoiam a alegação de que os produtos são biológicos e protegem os consumidores e os produtores legítimos de produtos biológicos falsificados.

As normas biológicas definem métodos para a produção vegetal biológica, a criação de animais, a piscicultura, a apicultura, a silvicultura e a recolha de espécies selvagens. Os produtores são certificados para garantir que as normas são cumpridas desde a produção até ao produto final. A certificação permite que os produtores gozem de credibilidade com base nas garantias proporcionadas pelo rótulo ou logótipo que confirma a norma, permitindo-lhes aceder a nichos de mercado que exigem preços mais elevados.

Certificação dos produtos biológicos

O sucesso da indústria biológica depende principalmente de normas de certificação válidas e uniformes que apoiem a alegação biológica e protejam os produtores biológicos legítimos.

As normas de produção biológica exigem que as explorações certificadas utilizem métodos de produção que cumpram determinados requisitos de produção, colheita e manuseamento pós-colheita.

A norma garante a qualidade, previne a fraude e facilita o comércio através de sistemas baseados num conjunto de princípios estabelecidos a nível internacional, regional e nacional ou por agências de certificação privadas.

O número de explorações agrícolas certificadas segundo as normas biológicas em África está a aumentar gradualmente, apesar das dificuldades em estabelecer normas biológicas. As explorações individuais que pretendam ser certificadas devem contactar as agências de certificação relevantes até estarem totalmente convertidas. Uma vez convertidas e certificadas, as explorações agrícolas são obrigadas a manter um sistema de gestão da qualidade (SGQ) para a produção e processos biológicos durante toda a vida da empresa.

Os sistemas de certificação no sector são geridos como Sistemas de Garantia Participativa (SGP) ou Sistemas de Certificação Interna (SCI).

O PGS é um sistema de garantia de qualidade orientado para o local que certifica os produtores com base na sua participação ativa na agricultura biológica. É uma alternativa aos sistemas formais de certificação e baseia-se na confiança, nas redes sociais e na partilha de conhecimentos entre os grupos de agricultores e o exportador de produtos biológicos certificados.

O ICS é um sistema de gestão da qualidade que ajuda as empresas de agricultura biológica a manter as normas biológicas na produção, colheita e manuseamento pós-colheita. O ICS é apoiado por regras internas, que são monitorizadas por especialistas em gestão da qualidade.

Agências de certificação biológica

Nos países com uma indústria biológica bem desenvolvida, existem sistemas de certificação pertencentes ao governo, ao sector privado ou a agências estrangeiras que oferecem serviços de certificação de terceiros aos produtores com base nas NCI.

Os organismos de certificação oferecem apoio e auditorias contínuas para melhorar o sistema interno de gestão da qualidade (SGQ) e garantir a conformidade com os requisitos da norma. Além disso, melhoram a imagem do fabricante e dos seus produtos através de documentos de acreditação, logótipos e rótulos de conformidade.

Agricultura biológica e desenvolvimento sustentável

A agricultura biológica baseia-se numa filosofia diferente do modelo industrial de agricultura baseado na utilização de agroquímicos. A diferença deve-se ao papel que a agricultura biológica desempenha na conservação da base de recursos naturais e na melhoria do bem-estar socioeconómico dos produtores agrícolas, especialmente dos pequenos e médios agricultores.

As empresas agrícolas estabelecidas de acordo com as normas biológicas apresentam rendimentos saudáveis, boa saúde dos solos, maior eficiência na utilização da água e menor incidência de pragas e doenças. São também sustentáveis e permitem aos agricultores maximizar os benefícios da atividade agrícola.

CAPÍTULO

SETE

CONCLUSÃO

A agricultura sustentável é concebida para satisfazer as necessidades da agricultura em termos de géneros alimentícios, alimentos para animais e indústria sem comprometer o ambiente. É uma filosofia baseada na gestão cuidadosa dos recursos naturais e na aplicação tática de práticas agrícolas que satisfaçam os requisitos económicos, ambientais e sociais.

O conjunto de inovações tecnológicas e de gestão na agricultura sustentável é importante para aumentar a produtividade das explorações agrícolas e minimizar os riscos ambientais, eliminando ou limitando a utilização de substâncias tóxicas e sintéticas que afectam muitas explorações agrícolas e os ecossistemas circundantes.

É inegável o papel e a importância da agricultura industrial de base química para assegurar o crescimento da produção de alimentos e de matérias-primas para a indústria e para a exportação. No entanto, este modelo é sinónimo de monocultura, de utilização contínua de produtos químicos agrícolas e de fertilização intensiva dos solos. Estes factores contribuíram para a redução da produtividade dos recursos naturais e para os danos ambientais causados pela poluição química. A dependência de produtos químicos também tem custado caro à saúde humana.

Isto significa que a determinação de utilizar produtos químicos agrícolas com elementos tóxicos conduziu a uma degradação generalizada do solo, da água e do ar e a uma redução da biodiversidade. Também exacerbou a privação dos agricultores que não podem pagar os factores de produção.

A agricultura sustentável apoia as empresas agrícolas e os sistemas naturais para que realizem o seu potencial de vida através de um sistema que utiliza os recursos locais para equilibrar os minerais do solo, melhorar os solos e controlar as pragas. Inclui também a utilização criteriosa de produtos químicos sob a orientação de princípios ecológicos.

Em suma, os problemas enfrentados pelos agricultores nos países em desenvolvimento podem ser categoricamente resolvidos através de sistemas que satisfaçam os requisitos económicos, ambientais e sociais. A agricultura sustentável é a solução para os problemas de longa data associados à agricultura em África.

BIBLIOGRAFIA

• Ahmad Ali Khan, Ghulam Jilani, Mohammad Salim Akhtar, Syed Muhammad Saqlain Naqvi, Mohammad Rashid, Phosphorus-soluble bacteria: Occurrence, Mechanisms and their Role in Crop Production Publicado em J. Agric. biol. sci. 1 (1):48-58, 2009

• B. B. Bohlool, J. K. Ladha , D. P. Garrity e T. George Biological nitrogen fixation for sustainable agriculture: A perspective, University of Hawaii and International Rice Research Institute (IRRI), Kluwer Academic Publishers, The Netherlands, 1992.

• Bharat R Sharma, Crop Water Demand and Water Productivity: Concepts and Practices, International Water Management Institute, Asia Regional Office, New Delhi, India, 2006.

• C. Cassells, B. M. Doyle, Genetic Engineering and Mutational Breeding for Resistance to Abiotic and Biotic Stresses: Science, Technology and Safety, Department of Plant Sciences, National University of Ireland Cork, Irlanda, 2003.

• Comité para a Investigação de Tecnologias que Beneficiam os Agricultores em África e no Sul da Ásia Novas Tecnologias que Beneficiam os Agricultores na África Subsariana e no Sul da Ásia, Conselho Nacional de Investigação, Conselho Nacional de Investigação Akademi Press, 2008

• Kumhur Aidinalp e Malcolm S. Kresser, Impact of Global Climate Change on Agriculture, UKIDOSI Publications, 2008.

• GM Freeze, GM Nutritionally Enhanced and Altered Crops: summary of claims on GM Nutritionally Enhanced and Altered Crops, 2009.

• G.A. Robertson Soil Management for Sustainable Agriculture, Resource Management Technical Report No. 95, Western Australia Department of Agriculture, 2001.

• IFOAM Principles of Organic Agriculture, IFOAM Bonn, Alemanha, 1999.

• Intizar Hussain e L. R. Perera, Improving agricultural productivity through integrated service delivery using public-private partnerships, examples and challenges. Instituto Internacional de Gestão da Água, 2004.

• Jason Morrison Mari Morikawa Michael Murphy Peter Schulte Water scarcity and climate change: Growing risks for businesses and investors, Ceres Publication, Oakland, CA, 2009.

• Joseph M. Krupinski*, Karen L. Bailey, Marcia P. McMullen, Bruce D. Gossen e T. Kelly Turkington, Plant disease risk management in diversified cropping systems: Agronomy Journal, Vol. 94, março-abril de 2002.

• Yost, Richard. 1997. Gestão da fertilidade dos solos de pastagem. pp. 35-46. Em: Gerrish, Jim, e Craig Roberts (eds.). 1997. Missouri Grazing Manual.
Universidade do Missouri, Columbia, MO. 172 p.

• Julio Henao e Carlos Baanante Sustainable agricultural production and soil nutrient extraction in Africa: implications for resource conservation and policy development Resumo, Centro Internacional para a Fertilidade do Solo e o Desenvolvimento Agrícola, 2006.

• Barnes, Robert F., Darrell A. Miller e C. Jerry Nelson (eds.).
1995.
Forages: The Science of Grassland Agriculture. 5ª ed. Vols. 1 e 2. Iowa State University Press, Ames, Iowa. 516 p. e 357 p.
respetivamente.

• Kurt G. Steiner, GTZ e Steve Twemlow, Gestão de ervas daninhas na
Sistemas de lavoura de conservação, ICRISAT, 2003.

• Oder, J., A.J. Mukhwana, e P.L. Woomer. MBILlis Número 1: A
Manual for Innovative Maize and Legume Cultivation in Kenya (Manual para o Cultivo Inovador de Milho e Leguminosas no Quénia). SACRED Africa, Nairobi, 2002. 21

• Organic Exchange Soil Fertility Management Um boletim informativo introdutório para agricultores e projectos, 2009.

• Peter Gruen, Francesco Goletti e Montague Yudelman Integrated Nutrient Management, Soil Fertility and Sustainable Agriculture: Current Issues and Future Challenges International Food Policy Research Institute, Washington, DC, 2000.

• Robert E. Blackshaw, John T. O'Donovan, C. Neil Harker e Xianzhu Li Beyond herbicides: New approaches to weed management, ICESA, 2002.

• Rex Dufour Gestão Integrada de Pragas Biointensiva (IPM): Fundamentals Of Sustainable Agriculture, ATTRA, 2001

• Invasive Species Advisory Committee (ISAC) Subcommittee, Refinement of the Invasive Species Definition and Guidelines of the U.S.

National Invasive Species Council Approved by ISAC 27 April 2006.
• Tarah Sullivan, Interactions between soil microbial communities and plant roots: A Minireview. Universidade Estadual do Colorado, 2004.
• Woomer, P.L., Mukhwana, E.J. e Lynam, J.K. Investigação nas explorações agrícolas e estratégias operacionais para a gestão da fertilidade do solo. In: (B. Van Leuwe, N.
Sanginga e R. Merckx eds.). Balanced nutrient management systems (Sistemas de gestão equilibrada de nutrientes). CABI, Wallingford, UK. pp. 313-331, 2002
• Woomer, P.L., Karanja, N.K. and Okalebo, J.R. Opportunities for improving integrated nutrient management of smallholder farmers in the Central Highlands of Kenya. African Crop Science Journal 7:441-454, 1999
• Woomer, P.L., Kahindi J.H.P. and Karanja, N.K. Nitrogen replenishment in the highlands of East Africa by biological nitrogen fixation and legume inoculation. Agronomie Africaine Special Issue 1:387- 413, 1998
• Woomer, P.L., Mukhwana, E.J. and Linam, J.K. On-farm research and operational strategies in soil fertility management. In: (B. Van Leeuwe, N. Sanginga and R. Merckx eds.) Balanced nutrient management systems. CABI, Wallingford, Reino Unido, 2002. 313-331
• Wumer, P.L., Mukhwana, E.J. and Sawala, K.E.N. Soil fertility management in maize-legume crops: A comparison of best options in Western Kenya. st21 Conferência da Sociedade de Ciência do Solo da África Oriental, 2-5 de dezembro de 2003, Eldoret, Quénia. 2003. 51
• Comissão Mundial sobre a Ética do Conhecimento Científico e da Tecnologia (COMEST) O Princípio da Precaução, Organização das Nações Unidas para a Educação, a Ciência e a Cultura UNESCO, 2005.

Printed by Books on Demand GmbH, Norderstedt / Germany